"少年轻科普"丛书

细菌王国
看不见的神奇世界

史军 / 主编

钟欢 / 著

广西师范大学出版社
·桂林·

图书在版编目（CIP）数据

细菌王国：看不见的神奇世界／史军主编.—桂林：
广西师范大学出版社，2021.1（2024.6 重印）
（少年轻科普）
ISBN 978 - 7 - 5598 - 3299 - 3

Ⅰ.①细… Ⅱ.①史… Ⅲ.①细菌－少儿读物
Ⅳ.①Q939.1 -49

中国版本图书馆 CIP 数据核字（2020）第 194383 号

细菌王国:看不见的神奇世界
XIJUN WANGGUO：KANBUJIAN DE SHENQI SHIJIE

出 品 人：刘广汉　　　　　　特约策划：苏 震　　🌀玉米实验室
策划编辑：杨 婴　姚永嘉　　责任编辑：杨仪宁　卢 义
助理编辑：孙羽翎　　　　　　封面设计：DarkSlayer
内文设计：钟 颖　　　　　　插　画：彭 媛
广西师范大学出版社出版发行

（广西桂林市五里店路9号　　　邮政编码：541004
网址：http://www.bbtpress.com ）
出版人：黄轩庄
全国新华书店经销
销售热线：021 -65200318　021 -31260822 -898
山东临沂新华印刷物流集团有限责任公司印刷
（临沂高新技术产业开发区新华路1号　邮政编码：276017）
开本：720 mm×1 000 mm　　1/16
印张：6.5　　　　　　　　字数：47 千字
2021 年 1 月第 1 版　　2024 年 6 月第 3 次印刷
定价：39.00 元

序
PREFACE

每位孩子都应该有一粒种子

在这个世界上，有很多看似很简单，却很难回答的问题，比如说，什么是科学？

什么是科学？在我还是一个小学生的时候，科学就是科学家。

那个时候，"长大要成为科学家"是让我自豪和骄傲的理想。每当说出这个理想的时候，大人的赞赏言语和小伙伴的崇拜目光就会一股脑地冲过来，这种感觉，让人心里有小小的得意。

那个时候，有一部科幻影片叫《时间隧道》。在影片中，科学家们可以把人送到很古老很古老的过去，穿越人类文明的长河，甚至回到恐龙时代。懵懂之中，我只知道那些不修边幅、蓬头散发、穿着白大褂的科学家的脑子里装满了智慧和疯狂的想法，它们可以改变世界，可以创造未来。

在懵懂学童的脑海中，科学家就代表了科学。

什么是科学？在我还是一个中学生的时候，科学就是动手实验。

那个时候，我读到了一本叫《神秘岛》的书。书中的工程师似乎有着无限的智慧，他们凭借自己的科学知识，不仅种出了粮食，织出了衣服，造出了炸药，开凿了运河，甚至还建成了电报通信系统。凭借科学知识，他们把自己的命运牢牢地掌握在手中。

于是，我家里的灯泡变成了烧杯，老陈醋和碱面在里面愉快地冒着泡；拆解开的石英钟永久性变成了线圈和零件，只是拿到的那两片手表玻璃，终究没有变成能点燃火焰的透镜。但我知道科学是有力量的。拥有科学知识的力量成为我向往的目标。

在朝气蓬勃的少年心目中，科学就是改变世界的实验。

什么是科学？在我是一个研究生的时候，科学就是炫酷的观点和理论。

那时的我，上过云贵高原，下过广西天坑，追寻骗子兰花的足迹，探索花朵上诱骗昆虫的精妙机关。那时的我，沉浸在达尔文、孟德尔、摩尔根留下的遗传和演化理论当中，惊叹于那些天才想法对人类认知产生的巨大影响，连吃饭的时候都在和同学讨论生物演化理论，总是憧憬着有一天能在《自然》和《科学》杂志上发表自己的科学观点。

在激情青年的视野中，科学就是推动世界变革的观点和理论。

直到有一天，我离开了实验室，真正开始了自己的科普之旅，我才发现科学不仅仅是科学家才能做的事情。科学不仅仅是实验，验证重力规则的时候，伽利略并没有真的站在比萨斜塔上面扔铁球和木球；科学也不仅仅是观点和理论，如果它们仅仅是沉睡在书本上的知识条目，对世界就毫无价值。

科学就在我们身边——从厨房到果园，从煮粥洗菜到刷牙洗脸，从眼前的花草大树到天上的日月星辰，从随处可见的蚂蚁蜜蜂到博物馆里的恐龙化石……

处处少不了它。

其实，科学就是我们认识世界的方法，科学就是我们打量宇宙的眼睛，科学就是我们测量幸福的尺子。

什么是科学？在这套"少年轻科普"丛书里，每一位小朋友和大朋友都会找到属于自己的答案——长着羽毛的恐龙、叶子呈现宝石般蓝色的特别植物、僵尸星星和流浪星星、能从空气中凝聚水的沙漠甲虫、爱吃妈妈便便的小黄金鼠……都是科学表演的主角。"少年轻科普"丛书就像一袋神奇的怪味豆，只要细细品味，你就能品咂出属于自己的味道。

在今天的我看来，科学其实是一粒种子。

它一直都在我们的心里，需要用好奇心和思考的雨露将它滋养，才能生根发芽。有一天，你会突然发现，它已经长大，成了可以依托的参天大树。树上绽放的理性之花和结出的智慧果实，就是科学给我们最大的褒奖。

编写这套丛书时，我和这套书的每一位作者，都仿佛沿着时间线回溯，看到了年少时好奇的自己，看到了早早播种在我们心里的那一粒科学的小种子。我想通过"少年轻科普"丛书告诉孩子们——科学究竟是什么，科学家究竟在做什么。当然，更希望能在你们心中，也埋下一粒科学的小种子。

"少年轻科普"丛书主编

目录
CONTENTS

进化之路与共生之路

发现细菌：你就是列文虎克

　　如果你是一个观察特别细致入微的人，能发现别人都没看到、没发现的事情，那我就可以这样形容你："你就是列文虎克啊！"

　　为什么形容一个人观察能力强，会把他称作"列文虎克"呢？他和细菌又有什么故事呢？

微生物学的开拓者

安东尼·列文虎克是荷兰人，出生于1632 年。列文虎克完全没有受过任何正规教育，仅仅只是一个看门人而已。安东尼·列文虎克和另外一个叫作罗伯特·胡克的人常常被一起提起——很多人都把这两个人搞混，因为他们不但名字接近，生活的时代接近，连出名的事迹都有接近的地方。

人类很早就尝试了解微观世界。在列文虎克出生之前，1590 年，光学显微镜就被发明出来了。后来，默默无闻的荷兰人列文虎克和英国知名科学家罗伯特·胡克，在微生物的观察和研究上，都做出了了不起的发现。

我们都知道，光学显微镜之所以可以观察入微，主要在于凸透镜的使用。当时，磨镜片最出名的人是罗伯特·胡克。胡克使用自己制作的显微镜观察软木塞，第一次观察到死去的植物细胞，并将其命名为"Cell（细胞）"。

不过，某种程度上，看门人列文虎克比科学家胡克更加厉害——因为他工作不忙，所以有比较充裕的时间从事他自幼就喜爱的磨透镜工作。列文虎克磨制的镜片甚至比罗伯特·胡克磨制的镜片更好、放大倍数更大一些。他磨制了上百个镜片，做了很多显微镜，而且列文虎克特别喜欢观察身边的"小世界"。和当时的知名科学家胡克不同，看门人列文虎克拿着他的显微镜看了很多很多奇奇怪怪的东西，比如血液、虫卵等。

人类与细菌的第一次见面

列文虎克最著名的一件"观察样本"来自一个长期不刷牙的老头。列文虎克弄来他的牙垢，放到显微镜下观察。列文虎克发现，这个老头的牙垢上有一个生机勃勃的世界，生存着无数活跃的小家伙！

不过和专业科学家罗伯特·胡克不同，"细菌"这个名词并不是列文虎克提出来的。身为一个看门人，列文虎克只是称呼它们为"小动物"。他曾说过：在一粒沙子里，就生活着一百万个小动物。

一开始英国皇家学会根本不相信这个看门人所说的话。于是他们让罗伯特·胡克去验证，结果发现这个看门人竟然是对的！列文虎克也因此获得了英国皇家学会的会员称号。

列文虎克这次的无意之举让人类第一次看到活的细菌，列文虎克也因此被称为"微生物学的开拓者"。这也是人们为什么用"你就是列文虎克"来形容一个人观察入微的原因。

探秘微生物王国

列文虎克发现活细菌之后的一两百年间，人们其实并不知道这些微小的生物到底是怎么影响这个世界的。直到另一个伟人——巴斯德的研究发现，才为人类第一次揭开了微生物世界的真正秘密。

1854年，巴斯德发现了酵母菌。和结构简单的细菌不同，酵母菌是拥有完整的细胞核结构的一种真菌。之后他提出，一切发酵过程都是微生物作用的结果。这也是人类第一次认识到：这些肉眼看不见的小生物，其实极大地影响着自己的生活。

后来巴斯德又提出了著名的巴斯德消毒法：只要用高温把微生物杀死，食物就不会轻易腐败。受到巴斯德的启发，外科医生们也发现，之前严重的手术后感染原来都是这些微生物搞的鬼！只要杀死手术器械和医生手上的这些微生物，术后感染就会大幅度减少，病人的存活率有了极大增加。

后来，巴斯德又发现某些传染病也是由细菌引起的——他证明了是炭疽杆菌引发了炭疽病。1881 年，他利用高温获得了毒性比较弱的炭疽杆菌，之后他发现这些减弱了毒性的菌种其实是可以被人类利用的。晚年的巴斯德就依靠这个发现，发明了现在的狂犬病疫苗。

如果说列文虎克是现代微生物学的开拓者，他发现了世界上竟然还存在着一些人类无法看到的生物，那么，巴斯德就是现代微生物学的奠基人。

细菌都有细胞壁吗

　　细菌和病毒的区别之一是细菌有细胞壁,所以会被抗生素杀死,但是病毒没有细胞壁,所以不会受到抗生素的影响。

　　那么,有没有没有细胞壁的细菌呢?

　　还真有!在生物学这个领域里,大部分定律其实都有特例,没有特例的反而是少数。

有变异缺陷的 L 型细菌

生命的特征之一就是变异——不管是我们人类，还是细菌，都会不断地进行变异。人类可能生出有六个指头的宝宝，也可能生出有两个头的孩子。大多数时候，变异会导致宝宝们带着缺陷出生，比如，中国每年都会诞生成千上万名心脏发育畸形的宝宝，也就是患有先天性心脏病的宝宝。

细菌也是一样，它们在分裂的时候也可能发生变异。于是，偶尔就会变异出一些没有细胞壁的细菌。这种细菌是由英国李斯特实验室（Lister Institute of Preventive Medicine）第一次发现的，因此就以实验室首字母"L"命名它，称它"L 型细菌"，又称"细胞壁缺陷菌"。L 型细菌并不算是一种独立的细菌类型，几乎所有种类的细菌都可能发生这个变异——部分甚至全部失去细胞壁，变成 L 型细菌。

失去了细胞壁以后，L 型细菌的生存能力自然就要比一般细菌弱，就像患有先天性心脏病的人一样。但是你还记得吗？一般抗生素的作用机理是破坏细菌的细胞壁，可 L 型细菌没有细胞壁啊，因此它们对于一般抗生素的抗性很强，很难被其杀死。更惨的是，我们的免疫系统也是通过细胞壁上的抗原来识别细菌的，所以 L 型细菌在人体内的生存力异常强大，它导致的疾病经常会反复发作，经久不愈。

不过幸运的是，正如前文所说的，生物学上大部分定律其实都有特例，也有一些不常见的抗生素，比如多粘菌素 B，是不作用于细胞壁的。对于这些抗生素，L 型细菌反而更加敏感，更加容易被其杀死。

小贴士

多粘菌素 B

由多粘杆菌产生的抗生素，能破坏细菌的细胞膜从而杀死细菌。

天生没有细胞壁的支原体

大概有的小朋友要问了：L 型细菌是有变异缺陷的细菌，那么有没有天生就没有细胞壁的细菌呢?

也有,那就是支原体。

支原体是目前已知最小的拥有原核细胞结构的微生物,大小介于细菌和病毒之间。和细菌一样,它也能感染人类,导致支原体肺炎等疾病。

因为支原体十分微小,滤网孔小到能过滤细菌的细菌滤器都无法过滤支原体,又没有细胞壁,所以刚被发现的时候并不被认为是一种细菌,而是单独列为一类,被称为支原体。但是现在,也有科学家认为,支原体应该属于广义上的一种细菌。

因此我们可能碰到这样的怪事:作业里说支原体是一种细菌,可是上网一查,大多数答案又说支原体不是细菌的一种。这个时候不要奇怪,这两种说法其实都对,只是分类方法不同而已。这大概是因为它们是活生生的生命,而不是非此即彼的物理现象吧。

小贴士

原核细胞

没有真正的细胞核的细胞叫作原核细胞;拥有真正的细胞核的细胞,则叫作真核细胞。

细菌滤器

一种网格极小能让细菌无法通过的过滤器。

细菌会被病毒感染吗

　　人类总是认为自己站在食物链金字塔顶端，是所有生物的主宰。（小朋友们可以想想看，这种说法你同意吗？）不过在地球这颗行星上，面对万千生灵，人类确实几乎没有任何直接对手——除了细菌和病毒以外。

　　人类和致病细菌的战争贯穿了整个人类的演化史。历史上，细菌曾经杀死了无数人，甚至毁灭了数个国家，直到人类发明了抗生素之后才被控制起来。但是仅仅几十年以后，抗生素滥用的恶果开始显现，细菌迅速做出了自己的改变——无法被抗生素杀灭的超级细菌诞生了！

　　人类即将失去抗生素这个撒手锏，细菌的恐怖袭击极有可能卷土重来。在这个重要关头，人类有没有更多的手段来对抗细菌呢？

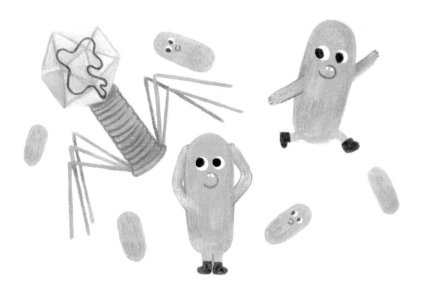

粪便里的神秘药剂

1915 年 8 月，微生物学家费利克斯·德赫雷尔发现了一种能对抗细菌的微生物。德赫雷尔当时正在调查一战士兵中爆发痢疾的事情，他发现那些感染了痢疾的士兵里，有些人症状严重，另一些人却很轻微。于是他采集患病士兵的粪便，在实验室里进行培养。德赫雷尔从症状轻微的士兵的粪便里提取出了一种比细菌还小的微生物，他把这些小不点命名为"噬菌体"。

为了验证噬菌体的作用，德赫雷尔把它们注射入一位 12 岁的痢疾病人的体内，患者很快就康复了。之后，德赫雷尔还开了一家名为"噬菌体实验室"的店铺来售卖他培养的噬菌体。和当时存在的其他药剂相比，噬菌体药剂要强大无数倍。德赫雷尔的生意也十分红火，甚至把分店开到了国外。

小贴士

痢疾

由痢疾杆菌引起的肠道传染病，会造成患者腹痛、腹泻、大便带血和黏液。

细菌杀手——噬菌体

小贴士

酶

　　酶是一种由活细胞产生的、起生物化学反应催化剂作用的蛋白质，溶菌酶则是其中能催化分解细菌细胞壁的一种酶。

　　和普通的病毒不同，噬菌体是一种专门感染特定细菌的病毒，每一种噬菌体一般只会感染一种细菌。找到那个特定的细菌以后，噬菌体就会用自己的"尾巴"吸附在细菌的细胞壁上，然后用溶菌酶在上面打开一个洞，再把自己的 DNA 通过这个洞注入对方的内部。

　　注入成功以后，噬菌体的 DNA 就会利用细菌来大量制造新的噬菌体。这个过程十分迅速，温度适宜的情况下，只需要不到一个小时的时间，上百的新噬菌体就会被制造出来。大量的新噬菌体会释放出无数的溶菌酶，最终把细菌的整个细胞壁给溶解掉。等这个细菌死掉了，数百的噬菌体就从细菌的尸体上争先恐后地"杀"出来，寻找新的宿主，重复上一个轮回。

重燃希望的噬菌体疗法

　　噬菌体疗法只能治疗特定的细菌感染，可是我们常常会同时感染多种病菌。而与此相对，抗生素则可以无差别地杀死一大类细菌。同时，因为是生物，噬菌体的表现也十分不稳定。一旦它注射入病人体内，医生就再也无法控制它了，病人有时候会被治愈，有时候却又治不好。因此当 1928 年弗莱明发现了青霉素以后，绝大部分国家就放弃了噬菌体药剂，转而开始研究以青霉素为代表的抗生素。在那个细菌还没有抗药性的时代，青霉素要可靠得多，药到就能病除。

　　直到近百年以后，抗生素的滥用催生了大量的超级细菌，噬菌体研究被重新提上日程。2017 年，欧盟斥资 520 万美元，开展利用噬菌体治疗人类细菌感染的跨国临床研究计划。说不定，噬菌体会是我们对抗病菌的最后武器。

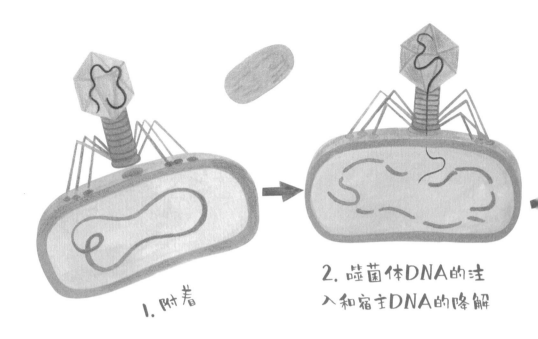

1. 附着

2. 噬菌体DNA的注入和宿主DNA的降解

5. 病毒体释放

噬菌体"杀死"细菌的过程

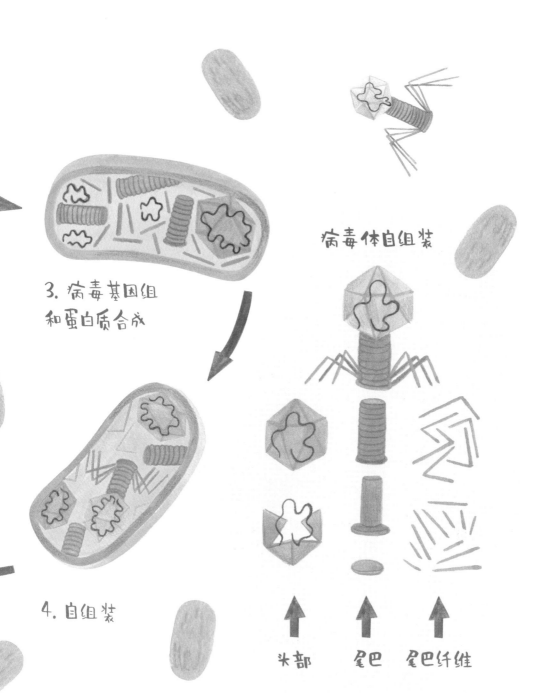

3. 病毒基因组
和蛋白质合成

病毒体自组装

4. 自组装

头部　　尾巴　尾巴纤维

细菌会老死吗

生老病死，对我们人类来说是天经地义的事情，没有人能对抗衰老，也没有人能逃过一死。

但是你认真想过吗？衰老和死亡真的是所有生命必须经历的吗？它们是生命起源之时就存在的，还是中途演化出来的？长生不老，这个隐藏在所有人心中的渴望，真的无法实现吗？

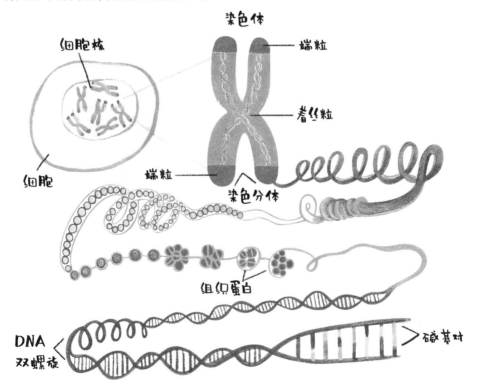

染色体是以DNA为主干，加上蛋白质和少量RNA组成的长条状物质，因为能被碱性染料染色，故名染色体。

端粒：控制"老"和"死"

我们人类为什么会衰老和死亡呢？最根本的原因，在于我们每条染色体的两头，都有一个被称为"端粒"的东西。

如果我们把染色体比作一根鞋带的话，端粒就是鞋带的胶头，或者说鞋带末端的"帽子"。鞋带胶头的作用，是防止因鞋带头起毛而出现鞋带松散的现象，相似地，端粒的作用就是保护染色体末端，让DNA在复制的时候不出太大的错误。

端粒的长度不是固定的，每一次分裂以后，端粒的长度都会缩短。端粒越短，我们身体里的细胞在分裂的时候就越容易出错，我们就衰老了。当端粒最终短到消失的时候，细胞——以及我们的生命，就会走向终点。

着眼端粒，实现不老不死？

　　并非所有的端粒都会一直缩短下去。比如在癌细胞身上，变短的端粒就会重新变长。所以癌细胞会一直复制自己，消耗掉身体其他部分的营养，最终变成一个或者无数个巨大的肿瘤，害死身体本身。

　　另外，在细菌身上不存在这个问题，因为细菌的 DNA 是环形的，根本就没有头，自然也没有"帽子"，没有端粒。所以从理论上来说，细菌可以无限制地分裂繁殖下去，只要它不意外死掉，它就死不了，也永远不老。

不会老的细菌

那么问题又来了：一个细菌一分为二成为两个细菌以后，原来的那个细菌究竟算是死了，还是进入一个成长的新阶段了呢？

有些人认为，原来的细菌应该是父代，而新产生的两个细菌是子代，所以分裂出来的两个细菌是繁殖的结果。这两个细菌虽然是前者的后代，但是子女和父母毕竟是不同的个体，原来的细菌应该是消失了，或者说，"死"了。

不过，如果我们只从细菌的组成成分着眼，那就会发现，原来的细菌的任何部分都没消失，只是发生了改变，一分为二了而已。

这个科学问题最终似乎成了一个哲学问题，很难得到标准答案，但有一点是可以肯定的：细菌会因为各种原因死去，但是这个原因绝对不是衰老。

病菌是为毁灭人类而存在的吗

　　病菌存在的目的是什么? 我想大部分人都会回答"当然是让人生病"。因为我们每个人都被病菌感染过、生过病,也听过有人因为病菌感染而死去。

　　但是,如果我们把自己代入病菌的视角想一想,就会发现这个回答其实有问题。

繁衍才是目的

病菌感染人类以后会做什么呢？它们会不断繁衍，让自身的数量变得越来越多，然后再通过各种途径去感染其他人，如此循环。对于所有的生命来说，繁衍生息都是最重要的事情，因为不把这个作为首要目标的生物都已经灭绝了。你现在看到的所有生物，它的每一位直系先祖都至少成功繁衍过一个世代。

如果病菌把人杀了，作为宿主的人死了，那么寄生在人体内的病菌还能有活路吗？除非它们跑得快，转移到其他活人身上，否则，

死亡的人体就是病菌"最后的晚餐"。

现在让我们再往深里想一想，做个思想实验：假设有一种致死率十分高的恶性病菌，它专门感染人类，存在的目的就是杀死人类。人类没有药物能够消灭它，它却可以肆无忌惮地杀死所有人。几百几千年以后，所有人类都被这种病菌杀死了。但是没有了人类这个宿主以后，这种病菌会怎么样呢？很不幸，它也就跟着人类一起灭绝了。

请记住，没有生命会为了灭绝自己而存在。

所以，病菌的目的是感染人类，借着人体繁衍生息。活着的人体对病菌来说是重要的资源，人体源源不断地为它提供食物和住所，让它没有后顾之忧。这就像农妇养了一只会生蛋的母鸡，要是把鸡宰了，只能吃一顿，可要是留着它，那就能每天收获一个鸡蛋，甚至还能孵出小鸡。病菌并不想把人类杀死，更不想杀光，这样它才能"子子孙孙无穷尽也"。

神奇的平衡机制

既感染人，又不杀人——顾此又不失彼的博弈，催生了两种神奇的平衡机制。

一种是病菌自己适时遏制住自己的"杀性"。在杆状病毒内部有一种叫作 LEF-10 的蛋白质，这种蛋白质的作用就是促进病毒复制。但是如果病毒的密度太高了，LEF-10 感受到宿主的资源不够以后，这些蛋白质就会聚集起来，限制病毒复制。这样，宿主就不至于被病毒杀死，病毒自己也不会失去后续的口粮和生存空间。当然，这种平衡机制也并不保证 100% 有效，偶尔也会有"失手"的时候，这时被感染的人就可能死亡。

还有一种平衡机制就相当惨烈了。让我们以黑死病（流行于欧洲地区的大瘟疫）为例来说明。黑死病是由鼠疫杆菌引发的一种烈性传染病，直到 1898 年才找到有效的预防途径。历史上欧洲数次爆发黑死病，因为缺少防治知识和杀菌药物，单单 14 世纪的一次疫情，欧洲就有近三分之一的人丧生。

那么问题来了，当时人类没有任何对付鼠疫杆菌

这是伊丽莎白一世时期医生们的装束——穿着打蜡的皮衣，戴着鸟嘴面具。鸟嘴里装有香料或草药，以防吸入所谓不干净的空气。绝境之中的欧洲人曾经相信，鸟嘴面具可以吓走传播瘟疫的恶灵。但这样的防疫装备也没办法保护医生们的生命。

的方法，每一次黑死病的大规模爆发都会有超过一半人被感染，那欧洲人最终是怎么存活下来的呢？

答案是，每当黑死病处于毁灭欧洲的最后关头，当大部分欧洲人都感染过一次鼠疫杆菌、对其拥有短暂的免疫力以后，鼠疫杆菌可以感染的宿主就大面积减少了。

这个时候鼠疫杆菌高致死性的缺点暴露无遗——被感染者不到三天就会发病，然后几天内就会死亡。这一个星期不到的时间里，由于之前鼠疫大流行导致人口密度下降，大多数患者根本来不及传染别人就死了，来不及传播的鼠疫杆菌也就跟着死亡，根本没机会找到下一个宿主。等欧洲人重新繁衍壮大，宿主又多了起来，寄生在老鼠身上的鼠疫杆菌就又来了。然后在再一次要毁灭欧洲人的最后关头，它又消失了。

06

冰箱能冻死细菌吗

　　大家都知道，食物放进冰箱——特别是冷冻室后，几乎不会腐坏。有些家庭甚至会把肉放在冷冻室里冻上一年再拿出来吃，照样没问题。

　　食物滋生细菌后才会腐坏。这让很多人以为，食物能在冷冻室里长久保存是因为冰箱把细菌都冻死了。真的是这样吗？

冷冻不杀菌

冰箱冷冻室的特点就是温度很低，一般在零下 18 摄氏度左右。大多数人的日常认知是天气太冷、气温太低会冻死人，这样推论起来，很多人也会认为，冰箱冷冻室能够冻死细菌。

其实，我们太高估冷冻室的威力了。零下 18 摄氏度有多冷呢？中国最北边有个叫漠河的地方。在那里，一年中有五个月的日均最低温度都低于这个温度。如果零下 18 摄氏度真的能杀死细菌的话，那漠河不就是个天然的无菌室？是不是在漠河就不会发生传染病呢？

实际上，冰箱的低温——哪怕是南极那样零下 80 多摄氏度的低温，都无法杀死细菌。实验室里反而经常用低温来保存病菌的样本。从理论上说，只要冷冻的速度够快，解冻的技术够好，就算是人类，也可以在极低的温度下存活几千年、几万年。

小贴士

黑龙江省漠河县是中国最冷的地区之一。冬季的历史极端最低气温经达到零下52.3摄氏度。

冰箱的真正作用

冰箱到底有什么用呢？虽然它的低温无法杀死细菌，但是低温可以降低细菌的活性，让细菌的新陈代谢几近停止，也无法繁衍后代，这样就可以大大提高食物保存的时间。

但是，新陈代谢近乎停止的细菌并没有死去。如果我们把食物拿出来解冻，随着温度的上升，细菌又恢复过来，重新开始繁衍生息。这也是为什么冷冻食品在解冻后不宜重新冷冻的原因：冰箱的降温并不快，在解冻和重新冷冻的这两个过程里，细菌有太多的时间生长繁殖了。我们如果经常吃这样的食物，就可能引发细菌性食物中毒。实际上，新闻里常常有速冻食品里检出致病菌的报道。

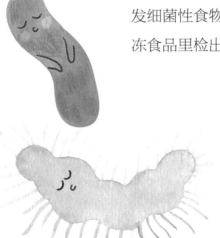

看到这里，小朋友们可能还会有一个疑问——自己家的冰箱上面明明写着"杀菌冰箱"，这是怎么回事呢？

　　"杀菌冰箱"其实是商家的一个噱头。他们在冰箱里添加了其他的抗菌手段，比如添加抗菌的药物或者使用抗菌的材料来制造等，以达到杀菌的目的。但是实际的效果如何，因为国家并没有相关标准进行检测，所以谁也不知道了。

外星细菌会感染人类吗

在距今大约 1600 万年前，一块巨大的陨石撞击在火星上。这次撞击把火星撞掉了一小块，并且把这一小块直接撞向了太空。

之后，这块来自火星的陨石掉落到了地球上的南极，并在 1984 年被人类寻获。科学家将这颗火星陨石命名为"ALH84001"。对 ALH84001 的研究让生物学家们把视线投向外太空，也让"天体生物学"成为一门严肃的科学。

1000万年前

火星来客

ALH84001 其实并不是地球上唯一来自火星的陨石，但是在这颗陨石里，科学家发现了一些奇怪的痕迹，形状和地球上的纳米细菌非常相似。研究过这些痕迹后，美国国家航空航天局（NASA）在 1996 年召开大型新闻发布会，称火星上可能存在生命，在社会上引发轰动。同时，这项研究在学术界引起了巨大的争议，正反双方各执一词，到目前都没有定论。

不过自此以后，对外星生命的探讨不再局限于荒诞不经的飞碟故事，科学家们开始认真研究外星生命存在的可能性和形态。极易存活又无孔不入的细菌和病毒，自然成了他们的首选。

如果火星上真的存在火星细菌，还被陨石带到了地球上，它们会感染人类，造成灾难性的后果吗？

小贴士
NASA

美国国家航空航天局，又称美国宇航局、美国太空总署，是美国联邦政府的一个行政性科研机构，负责制订、实施美国的太空计划，并开展航空科学与太空科学的研究。

大多数人的第一反应是"会"。15 世纪末哥伦布发现新大陆，欧洲人把天花病毒传到美洲，印第安人对天花病毒全无抵抗能力，九成的印第安人并不是死于侵略者之手，而是死于天花。这也成为玛雅、阿兹特克、印加等帝国衰落的重要原因。恐怕很多人会想，火星细菌肯定比天花病毒还要凶残吧，那还不把地球人灭绝了？

其实，这个概率很小，小到可以忽略不计的地步。

跨种间感染不容易

天花能重创印第安人有一个前提：印第安人和欧洲人都属于同一个物种，只是肤色不同。从人类进化史来看，在十万年前左右，他们还有同一个"母亲"。他们拥有相同的身体结构、相同的细胞构成，天花病毒感染起来自然是熟门熟路。

但是如果两者的亲缘关系十分遥远，比

如一种是动物，另一种是植物，那么两者之间互相感染的概率就很小了。先说说病毒，病毒要入侵细胞内部必须要一把"钥匙"，这就是病毒上的表面抗原。它得识别出对方细胞表面特定的受体才能成功入侵。因为动物和植物之间的受体差异巨大，绝大部分病毒都无法同时识别动物和植物的受体。

细菌的情况有所不同。它就算不进入宿主细胞内部也可以独立生活，所以只要环境相差不要太大，细菌往往都可以生存。但是这也只是理论上说得通，绝大多数细菌都不能同时感染动物和植物。不过，在生物学这个领域里，大部分定律其实都有特例，比如肺炎克雷伯菌就能在人体、水和谷物里生存，特定情况下甚至可以让一些植物染病。但是，请小朋友们记住：特例之所以叫特例，就是因为它们数量稀少，要找一个特例相当困难。

火星生物可能很脆弱

如果火星细菌真的存在，那它很可能是一种从几十亿年前的生命起源开始就和地球生命完全不一样的存在。如果我们从其中挑选一个出来，竟然能和数亿千米外的地球上某个特定物种匹配——这个概率不能说没有，但是绝对不会比连中十次彩票头奖的概率更大。

最大的可能是：火星细菌被陨石从熟悉的火星带到了地球这个陌生的地方，就好像把人类扔进从未涉足过的地域里，没吃没喝还举目无亲，迟早是个死。

既然复杂强大的人类在火星上都无法生存，那我们凭什么相信随便一个火星细菌来到地球就一定会活得十分滋润，甚至会灭绝地球人呢？别把它们想得太强大了。我们地球生命，不该有这种奇怪的自卑。

人体的 90% 是细菌吗

  有一句话是这么说的："人体的 90% 由细菌组成。"这句话在全世界广泛流传。这个说法认为，我们所谓的人体，其实绝大部分都是和我们共生的细菌，而不是人体细胞本身——每个成年人身体里含有的细菌大约是 10^{14} 个（也就是 10 后面有 14 个零），而组成人体的细胞个数呢，大约是 10^{13}——前者大约是后者的 10 倍，差了整整一个数量级。

  对此，你有什么感想呢？你相信这句话吗？

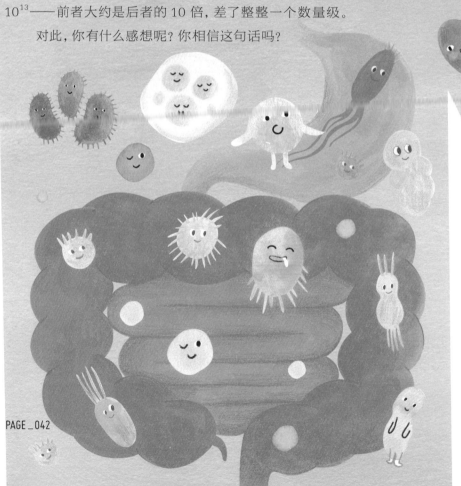

传言不可信

如果你仔细想一想，就会发现开头的那句话有问题：虽然细菌的数量是我们人体细胞的 10 倍，但是体积不是啊。细菌的体积一般比人体细胞要小，直径一般不超过 5 微米，而我们人体的细胞直径常常能超过 10 微米。假设都按照球体来计算，直径大一倍，那体积大约就会大 8 倍。

虽然这个估计并不精准，但是至少说明了一个问题：如果按体积来算的话，那我们人体就不可能 90% 都由细菌构成了——细菌占有的人体空间估计连一半都没有。

不过，要是不纠结于 90% 这个数字，按常识想想的话，人体体积就算只有 50% 由细菌组成，也很不可思议了。毕竟和我们共生的细菌 99% 都生活在我们的肠道里，如果我们肠子里生活的细菌竟能占据我们身体体积的 50%，那我们的肚子该有多大啊！这可太没道理了！

被高估的消化道容量

细菌在人体中的占比问题，也让一些科学家产生了兴趣。他们查了下这句话的来源，发现还真是来自一篇学术论文。但是这篇论文却是接近半个世纪以前写的，作者是微生物学家托马斯·拉奇。可惜，他对"10^{14} 个"这个细菌数量的估计十分儿戏。

首先，拉奇测量了 1 克的肠道内容物，发现里面大约有 10^{11} 个细菌。其次，他估计人体的消化道体积大约是 1 升（1 升就是 1000 毫升）。人体的密度和水差不多， 1 毫升体积的质量大约是 1 克，1000 毫升就是 1000 克——于是拉奇就在前面的数字后面加了三个零，得出人体内细菌的数量为 10^{14} 个。

和拉奇的估测不同，现在的新研究表明，人体消化道的体积根本没有 1 升，大概只有 0.4 升。于是科学家重新估计了一下数值，算出生活在人体内的共生菌要比原先估计的少很多，数量只有 4×10^{13} 个左右了。

被低估的红细胞数量

那么人体内有多少细胞呢？科学家们发现，原先的估计也有问题——因为拉奇原先的估计里低估了一个很重要的因素，那就是占人体细胞数量最大的红细胞。

其实，人体内单单红细胞就有 2.5×10^{13} 个之多，比原来估计的多了 2.5 倍！而算上其他细胞以后则是 3×10^{13} 个，已经和前面估计的细菌数量差不了多少了。

4×10^{13} 个细菌对比 3×10^{13} 个人体细胞，如果我们依旧假设人体细胞的直径是细菌的一倍，那么从体积上说，细菌的体积对比人体细胞的体积就是 4 比 24，也就是说我们的身体里大概 14% 是细菌。

相比这天文数字一样的基数，我们的估计其实也是不怎么准确的，不过我们的肚子占我们身体比例的 14% 这个估值比起前面的 50% 来，还是要靠谱多啦。

感冒漫话：细菌、病毒和抗生素

细菌和病毒是我们日常生活中经常接触到的两种微生物。大家也许没有亲眼见过它们是什么样子,但是一定被它们感染过。最常见的例子就是"普通感冒"了。

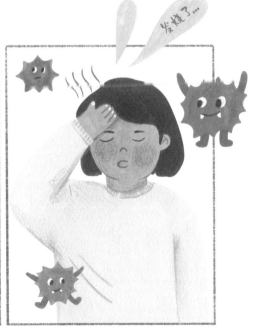

病毒性感冒和细菌性感冒

　　说起普通感冒，大人们经常会说，感冒就是着凉了，只要做好保暖工作就不会感冒。可是这样一来，问题就来了：住在冰天雪地的北极圈一带的因纽特人，会不会比住在温暖地区的人更容易感冒呢？

　　并不会！

　　因为，导致我们得普通感冒的直接原因并不是寒冷，而是我们感染了病毒。有两百多种病毒能让我们感冒。幸运的是，就算不进行治疗，我们大多也会在一周之内恢复健康。

　　不过，感冒是一种复杂的疾病，远不止"普通感冒"这一类。当我们表现出感冒症状时，除了被病毒感染的可能性外，我们也可能被细菌感染，得的是脑膜炎或者肺炎这些前期症状类似感冒的疾病。日常生活中，这些也被我们称为感冒，但是这种情况就要比普通感冒严重多了，要是我们不用抗生素治疗，就可能会死于细菌感染。

小贴士
普通感冒

　　这并不是指普通的感冒，它是一类疾病的通称。这个"普通"是相对于"流行性感冒"等其他感冒而言的，是由病毒引起的、常见的急性上呼吸道感染性疾病。

抗生素——杀不了鸡的宰牛刀

中国的很多家长都有这样一种想法：既然细菌感染这么严重，那么我们就不管三七二十一，都用抗生素治疗，不就行了？抗生素可是能治疗严重的细菌感染啊，那对付普通感冒还不是手到擒来吗？

其实，这是极其错误的一种想法！你能想象吗？抗生素这种在细菌面前所向无敌的药，对病毒却没有任何用处。因为我们出现的绝大多数感冒症状都是普通感冒引起的，换句话说，是病毒惹的祸，所以，使用抗生素不但不起效，反而要承担副作用。

小不点有大不同

为什么抗生素对病毒没有用处呢？这就要说到抗生素杀菌的原理了。

常见抗生素之所以能杀死细菌，是因为它摧毁了细菌的细胞壁，这会导致细菌死亡。可是和细菌不同，病毒是没有细胞壁的，所以自然不会被抗生素杀死。

病毒的结构要比细菌简单得多，它不只是没有细胞壁，细菌所拥有的绝大部分结构病毒都没有。绝大部分病毒就是蛋白质包裹着 DNA 而已，更有少部分病毒甚至只由蛋白质组成。病毒的结构是如此简单，以至于它都无法独立生存、繁衍，而只能依赖宿主——比如我们人类来繁衍自己。这也让很多科学家认为，病毒不该被视为生命，它们只是从我们身上掉下去的一个片段而已。

细菌和病毒虽然都是我们看不见的小家伙，但是它们的差别其实比我们和蓝鲸的差别还要大得多。

感冒时为什么会发烧

看到这个题目，你会不会觉得奇怪？会不会暗暗嘀咕：感冒和发烧不是一回事吗？

但是我们仔细回想一下就会发现事情不是这样的。感冒和发烧其实是两个完全不同的概念。有时候我们感冒了，只是头疼、流鼻涕等，并不发烧。但是有时候，比如有些身患重病的病人，他会发烧，但是却没有感冒。这种一般是感染病菌比较严重的重病患，他们会在没有感冒的时候也发烧。

病菌不喜欢发烧的你

一般来说，只有感染病菌比较严重的时候，我们才会发烧。

发烧的时候，人还是比较难受的。很多人都认为：发烧就是病菌导致的，是它们故意让我们发烧，目的就是折磨我们。其实这是不对的，病菌并没有情感，它根本无法从我们的痛苦中获得快乐。如果它做了一件事情，那肯定是因为对它的生存有利，而不是它因此而"开心"。

我们来看看发烧到底改变了什么：发烧，让我们全身都处于一种十分不正常的高温中，所以我们才会感觉到难受。那么对于病菌来说，是 37 摄氏度左右的正常体温更适合生存呢，还是高烧时的 39~42 摄氏度更适合生存？

答案可能出乎你的意料：是 37 摄氏度左右。感冒病毒刚感染我们的时候，人体就处于未发烧的 37 摄氏度左右。如果它适应的是 42 摄氏度的温度，那在正常情况下它就会因为不适应环境的温度而繁殖困难。我们的体温上升这件事情，出现在感冒病毒大量繁殖以后。

发烧是人体的武器

感冒病毒明明在 37 摄氏度左右的环境下生活得好好的，为什么要"故意"把环境温度提高呢？

其实这是个错误的问题——因为提高温度的，不是感冒病毒，而是我们自己。是我们的身体主动欺骗了自己，让人体的体温调节中枢认为自己很冷，然后它就会命令身体通过发抖等方式提高自己的温度，目的就是给病菌创造一个不适合繁殖的环境。这也是我们感冒时明明觉得很冷、打着哆嗦，身体却越来越烫的原因。

发烧是人类演化出来对抗病菌的手段之一，属于人体正常免疫系统的一部分。在那个没有抗生素的年代，发烧是我们对付病菌的重要武器。在高温之下，一方面我们的免疫细胞会变得更加活跃，另一方面病菌的活性则被削弱，这样我们才能更有效地对抗病菌。

除此之外，还有一个假说认为，我们消化系统中消化食物的酶对温度也十分敏感。高温下它的活性会极大下降，让人体很难消化食物。因此，发烧时我们的食欲会降低，特别是比较油腻的肉类就更吃不下，目的就是：阻止我们的身体摄入肉类里富含的铁元素。铁对病菌的繁殖十分重要，人体短时间缺铁不会死，而病菌缺铁可就活不下去了。所以，发烧也可能是为了"饿"死病菌。

11

变胖都是细菌的错吗

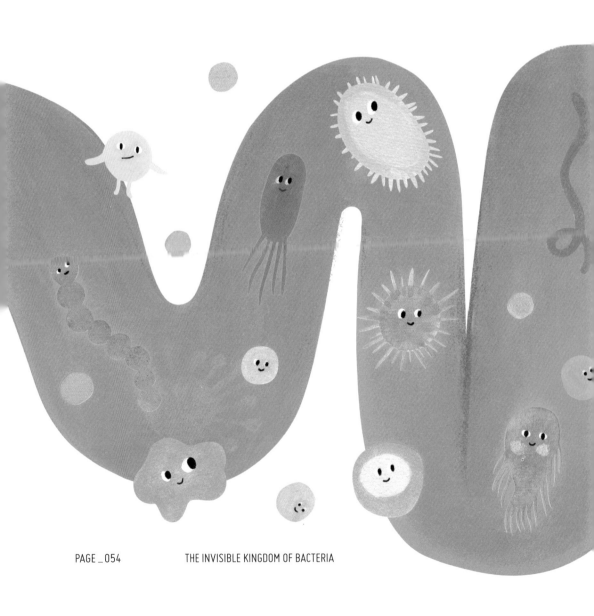

THE INVISIBLE KINGDOM OF BACTERIA

上海交通大学的赵教授是一个体重超标的人，腰围 110 厘米，体重接近 90 千克——因为过胖，赵教授的身体健康状况也是一天不如一天。

胖了，自然会想减肥，赵教授和其他体重超标的人们有同样的想法。但不知道是减肥太难还是他夫人做的饭太好吃，他的体重一直处于上升状态……直到他看到了一篇论文，说小白鼠的肠道菌群和肥胖症有关联。

作为一名专职研究微生物的教授，他当时就产生了一个大胆的想法：既然肠道菌群和肥胖症相关，那么，是不是只要改变自己的肠道菌群组成，就可以减肥了呢？

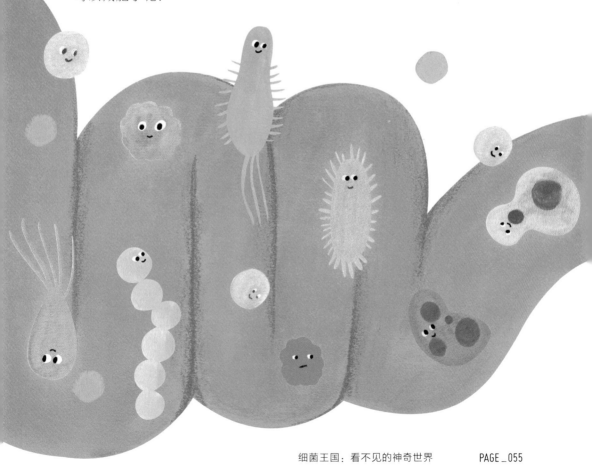

细菌王国：看不见的神奇世界

赵教授成功减肥

咱们前面估算身体中的细菌数量时就提到过，人体中有很多共生菌，其中99%都生活在肠道中。肠道菌群，简单来说就是生活在我们肠道里的一大类细菌聚合在一起的群落，它们的种类和数量都十分惊人。我们一天排出的大便，干重的三分之一就是这些细菌的尸体。

这么多各种各样的细菌生活在我们的身体里，肯定会对我们产生影响，但是到底有什么影响人们却一直不大清楚。毕竟，生活在我们肠道里的细菌种类实在太多了，每个人的情况还不一样，研究起来十分困难。

为了改变自己身体里的这些小家伙，赵教授想到了一个办法：这些细菌生活在我们的肠道里，也就是说，它们的食物就是我们吃下去的食物消化后的残渣。所以，如果他改变自己吃下去的食物，那么就应该可以"喂养"出不同的细菌。于是他放弃了大米饭，改吃粗粮饭，配菜也改成以山药、苦瓜、海带这些蔬菜为主。

小贴士

用糙米之类的粗粮来代替部分精米精面做主食，其实对所有人都是一件有益的事。

这样坚持两年以后，赵教授成功减掉了
20 千克体重，从一个超重的人变成了一个拥
有标准身材的人。

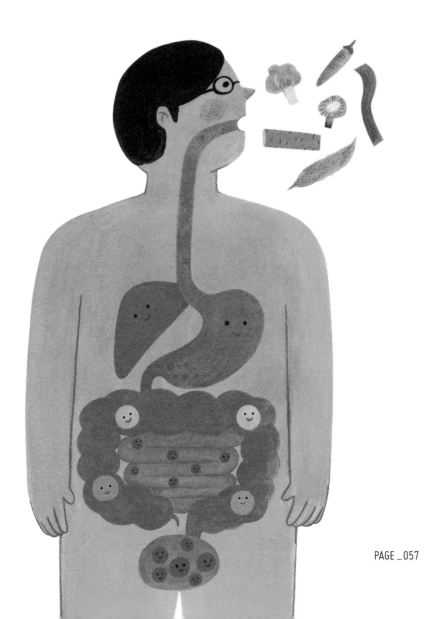

胖瘦全看肠道菌？

减肥成功以后，赵教授再次分析了自己的肠道菌群组成，发现一些细菌在自己的肠道里减少甚至消失了，而另一些则突然出现，比如有一种抗炎细菌就从一开始的完全检测不到，增长到 14.5% 的惊人占比。

研究肥胖和肠道菌群关系的当然不会只有那篇论文的作者和赵教授两个人。很久以前就有人注意到，在饲料里长期添加少量抗生素，能达到降低饲料用量却增加动物体重的神奇效果。

后来有一项对两万多名新生儿长达 7 年的随访也发现，那些在出生后 6 个月内就用过抗生素的婴儿，7 岁时的体重要高于那些没有使用过抗生素的孩子。研究者表示，可能是因为过早使用抗生素误伤了婴儿肠道里的细菌，影响了这些婴儿体内肠道菌群的建设过程。

研究任重而道远

但是，这里必须加一个"但是"——虽然目前来看，体形较胖和体形较瘦的人肠道里的细菌组成肯定有些不同，但是目前的研究还远远不足以证明：到底是这些细菌组成导致我们肥胖，还是我们的肥胖导致了这些细菌组成的改变。

赵教授的自我实验虽然看着令人震惊，但是仔细想想就会发现，在他的食谱里，不管是粗粮还是山药、苦瓜这些蔬菜，都是低热量、高饱腹感的食物。就算它们不改变我们的肠道菌群，也依旧可以让我们减肥。

赵教授的研究依旧还有很多路要走。作为一名微生物学教授，他的研究方向就是用黄连素来改变小白鼠的肠道菌群，他希望这些小白鼠能够在吃得多的同时，又不会胖。

希望他能成功！

干了这杯细菌培养液

在一些科幻作品里，作者会塑造一类可怕的科学家形象：他们常常以一种冷酷的观察者的面目出现，给人注射各种各样的危险品来做实验，躲在厚厚的防弹玻璃后面，看人慢慢地挣扎，或者运气爆棚变成超人。

但是在真正的现代社会里，这样的事情却几乎不可能发生。不管大学也好，生物公司或制药公司也罢，对用人体做实验都是极为谨慎的。用别人做实验不道德，那就亲自上阵吧！于是，一些科学家勇敢地拿自己做实验。这其中最著名的故事之一，就是澳大利亚科学家巴里·马歇尔和幽门螺杆菌的故事。

THE INVISIBLE KINGDOM OF BACTERIA

胃溃疡和幽门螺杆菌

故事还要先从马歇尔的好友罗宾·沃伦说起。在化验室工作的沃伦发现，所有患胃溃疡的病人胃里都含有一种弯曲的细菌。他觉得，这种细菌和胃溃疡之间肯定有某种联系，于是他找到了当时的好友——微生物学教授马歇尔一起来验证。

沃伦和马歇尔一起检查了上百个患有胃溃疡的病人的活体切片，发现在所有的这种切片上都有这种弯曲的细菌。毫无疑问，这种细菌和胃溃疡之间一定有某种联系。

马歇尔认为，就是这种细菌导致了胃溃疡的发生，可是所有人都不相信他。当时的人们认为，胃溃疡应该是精神压力过大、生活方式不当所致，不可能是细菌感染造成的。

小贴士

胃溃疡

这一种发生于胃部的慢性溃疡，形成原因一般认为是胃部黏膜保护功能减弱，导致其无法抵抗胃酸和幽门螺杆菌的侵害。

喝细菌以身证道

为了证实自己的猜想，没得过胃溃疡的马歇尔做了一个大胆的决定！他要亲自喝下幽门螺杆菌培养液，来检验自己会不会得胃溃疡。如果胃溃疡是生活方式不当造成的，那他喝下细菌后，可能会拉肚子，可能会得上其他怪病，但不会得胃溃疡；可是，如果胃溃疡是由他分离出来的幽门螺杆菌造成的，那理论上他应该很快就会患上胃溃疡才对。

就这样，马歇尔喝下了含有大量幽门螺杆菌的培养液，仅仅5天后就"如愿以偿"地患上了胃溃疡。而且在这之后，马歇尔又通过用抗生素杀死幽门螺杆菌的方式，治好了自己的胃溃疡——证据确凿，其他人终于相信了幽门螺杆菌才是导致胃溃疡的罪魁祸首。

幸运的尝试

不过从事后看，马歇尔的这次尝试能够成功也是因为足够幸运。

幽门螺杆菌在中国的感染率超过 50%，也就是说，有六七亿人都携带幽门螺杆菌，但真正患胃溃疡的人却远远没达到这个数字。对于胃溃疡来说，幽门螺杆菌的存在只是前提条件而已。被幽门螺杆菌感染后，还要满足一些其他的条件，才能引起胃溃疡发作。马歇尔喝下幽门螺杆菌短期内就患上了胃溃疡，其实也是他碰巧满足了其他因素。

为了表彰马歇尔的贡献，瑞典皇家科学院授予他 2005 年的诺贝尔生理学或医学奖。目前他仍在为治愈胃溃疡而努力，研究能够快速杀死幽门螺杆菌的新型抗生素，甚至利用幽门螺杆菌制作可以喝的疫苗。

有细菌的酸奶能喝吗

如果有一天，你买了一瓶酸奶，但是检测到里面存在大量细菌，这样的酸奶还能喝吗？

这个问题很难回答：我们没法简单地说"可以"或者"不可以"，而是要知道这些细菌的具体种类才行。

酸奶中的益生菌和杂菌

很多酸奶都含有乳酸菌或者双歧杆菌、嗜热链球菌之类的益生菌。如果酸奶里只有这些细菌，那么这杯酸奶是可以喝的。因为它们不但对人体无害，甚至还可能对人体有益。有时候，很多商家还会因为益生菌这些可能的益处，故意往酸奶里添加这些细菌。

要想保持益生菌的活性，我们就不能对酸奶做彻底的杀菌处理，而只能依靠低温来降低细菌的活性。在让益生菌存活的基础上，抑制有害杂菌繁殖。

但是很多小超市为了节省成本，在运输和储存酸奶的过程中，常常没有按要求维持低温。比如有些超市会用普通卡车而不是冷链车来运输酸奶；有些超市为了省电会在晚上关闭冰箱的电源……在常温情况下，酸奶里的益生菌和其他杂菌都会大量繁殖，这些杂菌很可能就是对人体有害的致病菌。如果我们喝了这种含有大量杂菌的酸奶，就可能会肚子疼、腹泻，如果感染严重，甚至会有性命之忧。

益生菌有益吗

酸奶中的益生菌到底有多大的好处，值得我们冒着巨大的风险去饮用？答案可能会让很多人失望：益生菌的好处大多来自商家的吹嘘，真实有效的科学证据少之又少。

看到这里，恐怕会有人不服气："前面明明说益生菌对人体有益，现在又说它们的好处是商家吹出来的，前后矛盾啊！"别急，这得慢慢分析。

在我们的肠道里生活着很多细菌，它们对我们十分重要，如果我们能有效地补充它们，确实是有好处的。但是，依靠喝的方式来补充却并不靠谱。原因在于：

一、我们喝下去的所有东西都要通过胃酸的洗礼，大部分益生菌连这第一关都过不了。

二、艰难地通过胃酸这一关以后，益生菌还要面对第二关——它得在我们的肠道里定居下来。这也很难，大多数益生菌的结局是变成大便，被排出体外。

三、就算有个别益生菌通过了前面两关，在我们的肠道里定居下来，它们还会碰到第三个问题——生活在我们肠道里的细菌数量十分惊人，就算偶尔有益生菌定居在肠道里了，在肠道菌群大家族里也只是九牛一毛而已，"菌"微言轻，根本掀不起什么浪花。

有些商家也想到了这一点，于是，他们推出了常温酸奶，在酸奶出厂时就用高温把益生菌和杂菌全部杀死。这种酸奶可以在常温下保存好几个月之久。

不过要注意的是，很多人喜欢喝酸奶是因为它好喝，但是酸奶的好喝其实主要来自于大量添加的糖。一瓶200毫升的酸奶至少含有24克糖，而世界卫生组织建议我们一天中摄入的总糖量最好控制在25克以下。

要酿醋，先酿酒

醋是我们日常生活中经常接触到的一种调味料，对于丰富多彩的中国菜而言，醋必不可少。每个人都吃过醋，但是你知道醋是怎么制造出来的吗？

醋可不是醋酸兑水

醋的酸味来自醋酸。醋酸是一种工业原料，这让很多人认为醋（特别是透明的白醋）就是醋酸兑水制造而成。

虽然真有不法分子这么干，但是正规厂家却极少这么做。原因在于：一方面，用酿造法生产醋的工艺成本并不高；另一方面，也是最主要的原因，勾兑的醋不好喝，不被消费者认可——虽然所有的醋都是酸的，但是仔细去品就会发现，不同的醋有不同的风味，并不单纯只是酸而已，白醋和陈醋的风味就完全不同。

酿醋工序一二三

要想知道风味各异的醋是怎样制造出来的，就得先提一提一种细菌——醋酸菌。

醋酸菌是决定食醋产量和质量的主要菌种。它能够在有氧的条件下，将乙醇氧化成乙酸。乙醇和乙酸是化学上的名字，它们的俗名就叫作酒精和醋酸。也就是说，醋酸菌的作用就是把酒变成醋。因此，在酿醋之前，我们要先学会怎么酿酒。

酿酒其实也要依靠一种微生物的作用，这就是酿酒酵母。和醋酸菌不同，酿酒酵母并不是一种细菌，而是一种很典型的真菌，它可以在无氧的环境下，把淀粉分解为酒精。

因此，要酿醋就得先将高淀粉含量的作物，比如高粱、大米等，放进密封的容器里，加入酿酒酵母发酵半个月。酒酿好了以后，往里面加醋酸菌。这个阶段的酿造时间就不一定了，一些知名的陈醋甚至要夏日暴晒、冬季抽冰（即把醋里冻出的冰块捞出），酿造一年以上，才装瓶出售。

醋的风味和颜色从哪里来

当然，在实际酿醋的过程中，发生的变化还要比上面说的复杂不少。以前人们发明酿醋法的时候，可不知道细菌是什么东西。因此，放入粮食里进行酿造的菌种就远不止这两种，而是复杂的菌种组合，主要以曲霉菌、酿酒酵母和醋酸菌为主。也正是因为酿造过程中的反应十分复杂，所以才有了我们现在风味各异、不同品种的醋。

那么清澈如水的白醋又是怎么制造出来的呢？

其实白醋也是酿造出来的。只是在选择菌种的时候，会选择产生色素较少的菌种。因为粮食处理后也会产生一部分色素，所以很多时候厂商甚至会直接用酒精来酿造白醋，而不是先使用粮食去酿酒。不过最重要的方法是最后使用活性炭把色素吸走，这样清澈透明的白醋就诞生了。

怎样压死一个细菌

对蚂蚁来说，人类算得上庞然大物了。我们不费吹灰之力就能踩死一只蚂蚁（当然，当我们的鞋底不平或者有花纹的时候，一些幸运的蚂蚁就能从鞋底的缝隙里溜走）。

踩，靠的是压力。如果把蚂蚁换成细菌呢？我们能靠压力"踩"死一个细菌吗？比蚂蚁还小的细菌，能从压力下逃出生天吗？

食物杀菌麻烦多

也许有人会说，杀死细菌的方法这么多，高温可以杀，杀菌剂可以杀，为什么我们还要劳神用压力去杀呢？

原因在于：很多时候，要杀菌的东西是食物，我们所用的方法就得安全健康。不但不能危害人体，而且要尽量保留其中的营养成分，最好还能不破坏它的色、香、味。

以牛奶为例，为了杀死牛奶里的细菌，达到较长时间保存的目的，目前常见的杀菌方法有两种：一种是超高温灭杀，这样做出来的牛奶叫作常温奶。另一种方法是在七八十摄氏度的温度下杀菌，制成巴氏奶——这种方法的杀菌能力要低于前者，所以保质期很短，还需要全程冷链保存。但是巴氏奶也有自己的优势，毕竟高温会破坏牛奶里的一些营养物质，巴氏奶杀菌的温度低得多，所以也就能更好地保存牛奶里的营养物质。

小贴士
巴氏消毒法

加温到61.1～62.8摄氏度持续半小时或加温到71.7摄氏度持续15～30分种来杀死病菌的一种方法，此法由巴斯德提出，故称巴氏消毒法。

超高压的威力

比起加杀菌剂和高温加热等手段，用超高压灭菌的方法来"压"死细菌，可以比较完整地保存食物的色、香、味和营养物质。

不过要想压死细菌，用手按、用脚踩肯定不行。对于细菌来说，我们手脚上的缝隙简直像高山峡谷那么大。我们需要通过水流等介质，把更大的压强传递到细菌身上。

那么，需要多大的压力才能"压"死细菌呢？

地球上最深的海沟叫作马里亚纳海沟，海沟最深处的水压大概是 100 兆帕。在这个压强下，一般钢铁做的船壳都会被压瘪，但是细菌也只会受到部分损伤而已……一旦恢复到正常的压力，它们多数还是可以修复回来的。不过如果继续施压，越来越多的细菌就会因为细胞膜被彻底破坏而死亡。而当压强增大到 500 兆帕，也就是万米深海压强的五倍时，绝大部分细菌的细胞膜都会被永久性破坏，细菌就只有一死了。

但是超高压灭菌也有一些问题，不同的温度、食物品种对灭菌效果有影响，不同微生物种类的耐压性更是差别巨大。比如上面说的，到 500 兆帕的时候，霉菌、酵母菌（它们都是真菌，而非细菌）都已经被杀死，但是却还有极少数细菌残留。因此，单纯比灭菌效果的话，超高压灭菌并没有比巴氏消毒法好多少。这也是为什么目前超高压灭菌只在牛奶等少数几种商品上得以商业化的原因——只有那些对营养流失十分敏感的食物才会使用这样的灭菌方法。

除此以外，也确实有不适合超高压灭菌的食物。想想看，牛奶可以压、果汁可以压，经过高压后的薯片和饼干会变成什么样子呢……

蓝菌：杀手创造世界

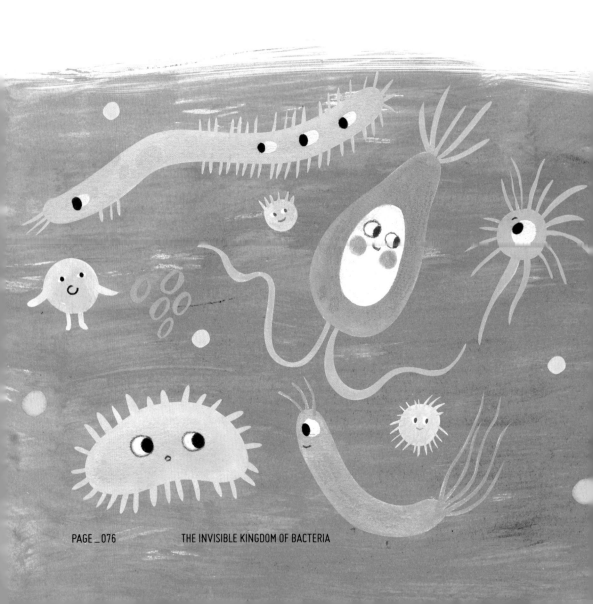

在距今大约 24 亿年前的地球上，生命已经诞生了十几亿年之久。在这十几亿年的时间里，各种各样的细菌占领了海洋。

这个时候的地球，也许陆地上看起来没有任何生物，但是如果你舀起一杯海水放在显微镜下观察，就能看到一个生机勃勃的世界。

然而，这个世界很快将被毁灭。

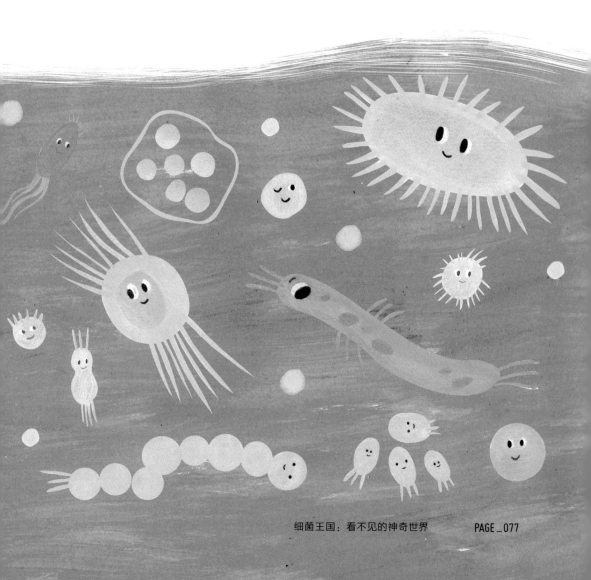

毁灭世界的杀手

大约在距今 25 亿年前，地球发生了一个"大事件"，一直处于缺氧状态的地球，大气中开始出现大量的氧气。

这是因为此前漫长的一段时间里，一种新型细菌在地球上大量繁殖。这种细菌获得了一种独一无二的"超能力"——它可以利用太阳能分解海水来获得能量。而分解的产物之一——氧气，则被作为废气排放到大气里。这种细菌，也就是我们现在所说的蓝菌（也叫"蓝藻"）。

小贴士
蓝菌

蓝菌是一种能在无氧环境下生存的原核生物。科学家们曾在 37 亿年前的岩石里，找到了保存着蓝菌的叠层石化石（如果你感兴趣的话，可以在"少年轻科普"丛书《恐龙、蓝菌和更古老的生命》这本书里，读一下《叠层石：让地球充满氧气》了解更多）。今天，蓝菌仍然生存在地球上。

其实，在蓝菌之前出现的细菌也会进行光合作用。只是它们不是分解海水，而是分解硫化氢，所以也不产生氧气。但是生命发展得很快，海水里原来含有的硫化氢很快就不够用了。

在这种背景下，以取之不尽的水作为原料进行光合作用的细菌自然大放异彩，但是却也在这个时候埋下了灾难的祸根。

24亿年前的生物可是在无氧环境里演化出来的厌氧生物，对氧气没有丝毫抵抗能力。对它们来说，高浓度的氧气就是毒气。于是，在氧气的侵蚀下，厌氧生物大规模灭绝。除了躲藏在极少数特殊地方的厌氧生物以外，绝大多数的厌氧生物都消失殆尽。

小贴士

厌氧生物

是指在没有氧气的条件下才能生存的一类生物。

氧气是"双刃剑"

人类必须依靠氧气来生存，但与此同时，氧气的氧化作用也会加速细胞衰老。为了对抗这种氧化作用，我们的身体付出了很大代价。

比如人类会得痛风这种病，就是其中一个代价。尿酸拥有很强的抗氧化作用，为了大量拥有尿酸，我们的身体在进化过程中自动丢失了分解尿酸的能力。但是随着年龄增长，身体中的尿酸沉积得越来越多，于是上了年纪以后就容易患上痛风。

改变世界的推手

但是危机之中也隐藏着转机。蓝菌毁灭了旧世界，而新的世界正在崛起。

一类具有专门消耗氧气能力的细菌产生了，这种生物叫作原线粒体（是一种好氧菌）。它们可以利用蓝菌所产生的各种废物来产生能量，包括葡萄糖和氧气。

奇迹接踵而来：一些幸运存活下来的、大个的厌氧菌吞噬了原线粒体，但是却没有把它消化分解掉，而是把它变成自己的一部分。这些幸运儿依靠着原线粒体高效的能量产生方式，最终演化成了现代的动物。而另一些厌氧菌则不但吞噬了原线粒体，还同时吞噬了蓝菌，它们最终演化成了现代的植物。

生命是如此顽强，如果地球被人类污染成另一个样子，生命恐怕也不会就此灭绝。应该很快就会有新的生命诞生，它们会适应新的生活环境。亿万年以后，它们也许会认为，二氧化碳或者其他气体才是生命存在的根本，氧气又变成了废气。

但是在那之前，估计人类早已灭绝了。所以，我们天天说的"保护环境"，与其说是保护地球，不如说是保护我们人类自己，保护今天地球上和人类共生的其他生命。

细菌王国：看不见的神奇世界

吞噬对方，只是为了进化得更加强大

在很多小说里都有这样的桥段：主角一开始很弱小，谁都打不过，但是他一步一步击败敌人，然后吸收他们的基因和能量，变得越来越强大，最终能够毁天灭地，变成地球上最强大的生物。

吞下对手就能得到对方的能力，在现实中真有这样的好事吗？

吃不来的能力

我们每天都在吃别的生物。我们吃猪肉、吃鸡肉、吃羊肉、吃牛肉，但是也没见我们长出鸡的翅膀，拥有牛的力气。

为什么呢？原因其实很简单。我们的消化道把食物包裹起来，和身体内部的其他部分分隔开了。我们吃了肉以后，肉里的基因基本都会被消化分解干净，然后才会被身体吸收。这食物早已变成了最基础的材料，并不带有什么遗传信息了。

"吃"来的细胞器

那么如果我们不经消化，而是直接吸收对方的基因呢？

绝大多数情况下，吃的一方还是拿不到对方的能力——毕竟生命不是积木，不可能随便拿两块就可以拼成一个新的造型。但是在生命数十亿年的历程里，确实存在一些时候，生命可以通过吞噬对方的方式让自己进化得更加强大。

大约 15 亿年前，地球上的生命结构还十分简单，好在这些原始生命之间已经有了一些分别。有些拥有了叶绿素之类的成分可以进行光合作用，有些则体型比较大，可以靠吞噬别人维生。

然后就是见证奇迹的时刻：偶尔，当后者吞噬了前者以后，被吞噬者竟然没有被分解吸收掉，而是在后者的身体里住了下来，成为对方细胞内名叫"叶绿体"的细胞器，让吞噬者获得进行光合作用的能力！

而且，这并不是宿主和寄生者的关系——因为吞噬者并不仅仅是吞噬了对方而已，它们甚至掠夺了被吞噬者的基因，把它们并入自己的基因序列里。不过这种吞噬并不完全，还有一小部分的基因被留在了叶绿体里。靠着这些残留的基因，我们才能确定，叶绿体以前也曾经是一个独立的生命体。

更妙的是，这样的事情不仅发生在会光合作用的蓝菌身上，还发生在一些进化出了利用氧气能力的好氧菌身上。吞噬者同样吞噬了它们，让这些好氧菌变成了名为"线粒体"的另一种细胞器，专门负责给细胞提供能量。

吞噬了不同的对手以后，吞噬者一步步地进化成更加强大的生命，它们有了可以联合起来变成多细胞生命的能力，最终演化成我们现在看到的动物和植物。

人类，也来源于此。

小贴士

好氧菌

好氧菌指在有氧气的环境里才能生长繁殖的细菌。

塑料垃圾成山怎么办？
放细菌吃光它们！

"白色污染"是对废弃塑料污染环境现象的统称。

作为一项世界性的环境难题，处理起来最麻烦的地方在于塑料制品很难自己降解，焚烧又会严重污染大气。因此，各国政府对废弃塑料基本没有什么好办法，最终导致塑料垃圾越积越多，白色污染越来越严重。

白色污染到底有没有克星呢？让我们来找找看。

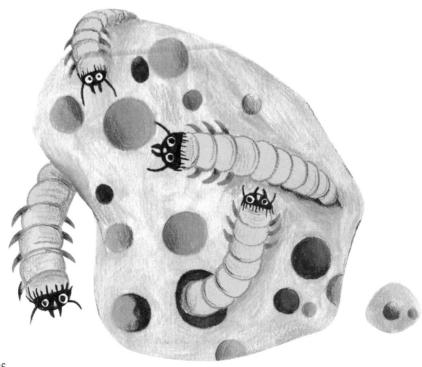

黄粉虫吃塑料的秘密

据说，曾就读于西安市第八中学的陈重光同学为饲喂小鸟而养着黄粉虫。养黄粉虫的盒子里铺着泡沫塑料，她无意间发现，泡沫塑料有细小的噬咬痕迹。原来黄粉虫能够吃塑料！

这个故事具有传奇色彩。但如果我们剥去传奇的外衣，查查当年的报道，就会发现，这位陈同学的父亲陈彤是一位研究昆虫的专家；养黄粉虫也不是为了饲喂小鸟，而是她父亲的教学研究需求。而且，某些昆虫会吃塑料，实际上是昆虫学界很早就证实的事情。

为什么这些昆虫能以塑料为食呢？很多科学家都研究过这个问题。其实并不是这些昆虫有多么神奇，真正的答案在那些生活于黄粉虫肠道中的细菌身上。

术业有专攻的细菌们

科学家从黄粉虫的肠道内提取了十几种细菌和真菌。通过实验发现，其中有两种细菌和一种真菌，能够在含聚苯乙烯的培养皿里快速生长繁殖。

聚苯乙烯就是泡沫塑料的组成成分。不过除了聚苯乙烯以外，我们日常使用的塑料还分很多种，每种的构成成分都不同。黄粉虫肠道内的细菌只能分解聚苯乙烯，面对人类生产的花样繁多的其他塑料制品，黄粉虫就无计可施了。

不过，所谓"术业有专攻"，有吃泡沫塑料的细菌，就有吃其他塑料的细菌，大家各显神通。比如几年前，日本科学家在塑料垃圾堆里找出了一种能够分解 PET（聚对苯二甲酸乙二醇酯）塑料的细菌。这些细菌能够分泌一种 PET 降解酶，最终将其消化为乙二醇和对苯二甲酸——这两种成分是对人类很有用的化工原料。

小贴士

降解

········

像塑料这样的物质是由分子量十分巨大的分子构成的，将这个大分子分解为小分子的过程即降解。

········

小胃口，大问题

可惜的是，不管是黄粉虫也好，能"吃"掉PET塑料的细菌也罢，这么多年过去了，白色污染依旧威胁着全人类，丝毫也不见减弱的痕迹。这是为什么呢？

原因也很简单——细菌们吃得太慢了。以上面能降解PET塑料的细菌为例，日本科学家做过实验，这种细菌完全降解掉指甲盖大小的一块塑料薄膜，需要足足一个半月……而塑料垃圾的增长速度却非常快，每年，地球新增的塑料垃圾超过了3亿吨。

也许有人会说，我们可以把这种细菌放到大自然里去，让它无限增殖，速度不够数量来补行吗？但是这样，事情就会失控——还在正常使用的塑料制品也会被分解。也许桌椅会塌，电脑、手机一买回来就不能用，电线外面的绝缘层不翼而飞……这个世界肯定会陷入混乱。

不过，塑料从诞生到现在也只有100多年，对比漫长的生物演化史仅是一瞬间而已。既然降解塑料的细菌已经出现了，那么要让它们的胃口再好一点、效率再高一点，就得看大自然和科学家的本事了。

神秘死海里的生命之花

中东地区有一座著名的城市——耶路撒冷。在耶路撒冷以东，有一个神秘的湖泊。

这个湖泊是一处真正的死亡之地，生命的禁区。湖里没有任何动物或者植物生存，鱼被扔进湖里都会很快死去。但同时，这里又是一个神奇的旅游胜地，因为就算不会游泳的人都可以漂浮在湖面上，不会下沉。成千上万的旅游者从世界各地赶过去参观和体验。

它，就是大名鼎鼎的死海。

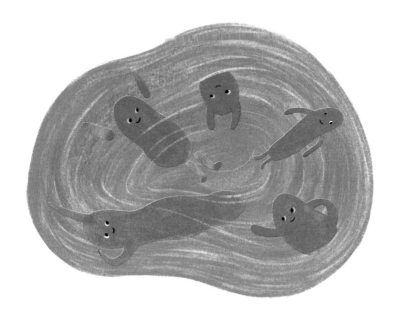

死海的秘密

虽然名字里有一个"海"，但死海其实并不是海，只是一个咸水湖而已。

之所以有这些神奇的现象，是因为湖水的含盐度很高：海水的含盐度一般在3.5%左右，而死海的含盐度是普通海水的8倍以上，达到惊人的25%~30%！普通生物浸泡在这样的咸水里，就像是被盐腌制了，自然会很快死去。就算是去游泳的人们，若是不小心被死海的水溅到伤口或者眼睛，也会痛苦万分。

死海盛开生命花

谁能想到，在这样的死亡之水里竟然也有生命存在！有少数几种生物依然顽强地生活在这里，其中最典型的就数嗜盐古菌了。

嗜盐古菌有很多种，大部分嗜盐古菌喜欢在含盐度12%~23%的环境里生活，有

小贴士
古菌

又称古细菌，可能是地球上最古老的生命体。它们和现在的细菌在很多地方都有很大差异，很多种古菌体内的蛋白到了普通细菌中就会丧失活性。

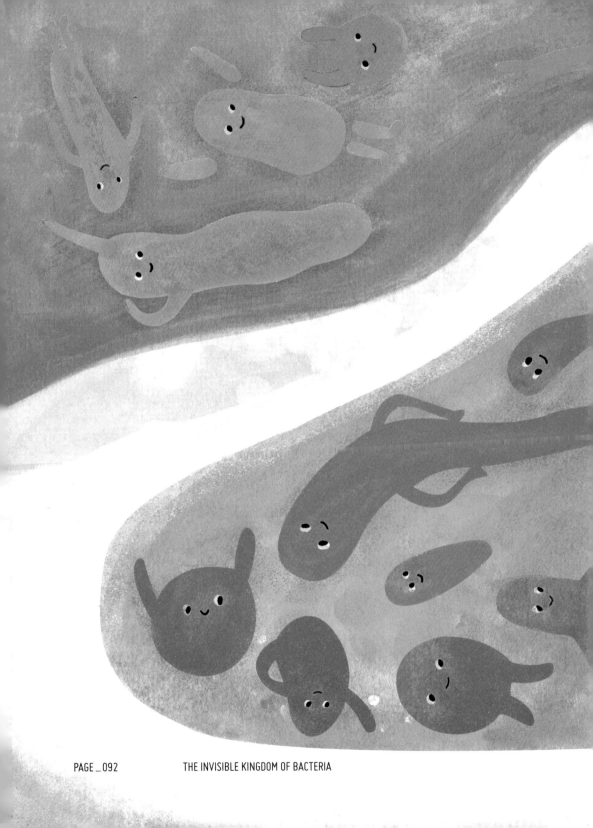

THE INVISIBLE KINGDOM OF BACTERIA

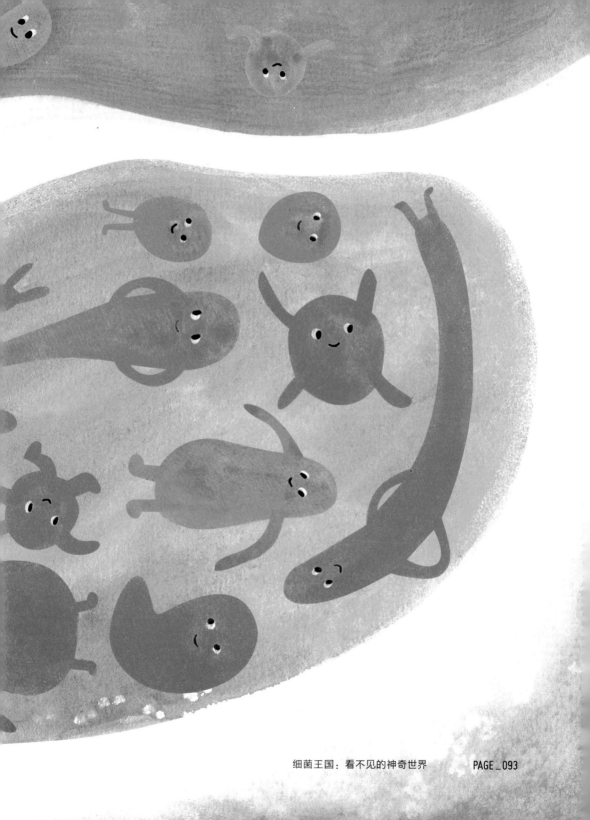

细菌王国：看不见的神奇世界

些"极端分子"则能在死海之类高含盐度的环境里生活。

除了死海之外，嗜盐古菌也大量生活在世界各地的盐湖、晒盐场里。《梦溪笔谈》中就记载了与它相关的特殊现象。在高温季，盐池里卤水盐的浓度会因为水分蒸发而上升，古人发现这种高浓度的盐池会神奇地变成红色。《梦溪笔谈》里称其为"卤色正赤"，其实就是因为盐的浓度上升，导致嗜盐古菌大量繁殖，而大部分嗜盐古菌体内含有菌红素，从而使盐池变成红色。还有，几百年前人们就发现，用海盐腌制的肉和鱼有时候会变红，这也是因为红色的嗜盐古菌繁殖的原因。

和其他生命体相比，嗜盐古菌为了能在高盐的环境里生存做出了很多改变。有科学家就曾把嗜盐古菌体内的"超氧化物歧化酶编码基因"转移到现在的细菌体内，发现重组的菌株耐盐能力上升了。不过代价是——重组后的菌株在无盐的环境下生长变差了一些。

保护未来的种子

嗜盐古菌这样的特殊生命体对我们人类的发展也很有启示。

比如说，土壤盐碱化是人类目前面临的全球性生态问题。如果我们能提取嗜盐古菌里和抗高盐环境相关的基因，并且把它转入水稻的基因里，也许就能研究出一种能在盐碱化土壤里生长的转基因水稻，让"不毛之地"变成良田。

这也是我们要好好保护各个物种的原因之一。天灾常常在我们意想不到的时候到来，哪怕是最不起眼的生物，也可能在未来的某天拯救人类。万一哪天全球发生严重的土壤盐碱化，也许这些不起眼的嗜盐古菌，就会成为我们的救星，帮助人类绝地求生。而在这之前，就让我们好好保护这些生命的种子吧。

20

是奴隶还是主人

    蚜虫是一种世界知名的害虫。它往往会寄生在某株植物上，用尖尖的口器刺穿植物的表皮，然后从植物体内吸取生长所需的营养物质。

    在蚜虫的身体里面，其实也寄生着各种各样的细菌。这些细菌依靠蚜虫提供的营养物质生活，离开了蚜虫，它们在外面根本无法生存。

    今天要说的这种细菌，名字叫作布赫纳氏菌，是蚜虫体内众多细菌中的一种。

THE INVISIBLE KINGDOM OF BACTERIA

受供养的主人？

　　和其他寄生在蚜虫体内的细菌一样，布赫纳氏菌完全依靠蚜虫提供营养，过着"衣来伸手、饭来张口"的生活。不过和其他寄生在蚜虫体内的细菌不一样的是——蚜虫对布赫纳氏菌要比其他细菌好得多，还专门给它们修建了专有的"住房"。

　　一只蚜虫的身体里有几百个巨大的菌胞，这些菌胞的主要作用就是供养布赫纳氏菌。以豌豆蚜为例，体重只有 4 毫克的豌豆蚜体内有大约 100 个菌胞，每个菌胞里都约有 23 500 个细菌和大量供给这些细菌生长的营养物质。看上去蚜虫简直就是把布赫纳氏菌当成主人来伺候了，那么，蚜虫是不是布赫纳氏菌的奴隶呢？

小贴士

菌胞

　　多种昆虫体内有一类特殊的体细胞，里面含有共生菌，被称作含菌细胞，简称菌胞。

毫克

　　1 克等于 1000 毫克。

被囚禁的苦力

有科学家把布赫纳氏菌直接注射入蚜虫的血腔里面，结果令人吃惊：布赫纳氏菌迅速地死亡、分解了。

这到底是因为蚜虫的抗菌能力太强呢，还是因为布赫纳氏菌对环境的适应能力太弱？虽然死亡的具体原因还没有搞清楚，但是毫无疑问，菌胞实际上是一座座布赫纳氏菌无法逃离的牢房——主人应当来去自如，哪有这么委曲求全的？

蚜虫囚禁着这一堆细菌有什么用呢？有科学家用高温和抗生素的方法除去了蚜虫体内的布赫纳氏菌，然后培养这些蚜虫进行观察。他们发现，没有了布赫纳氏菌的蚜虫生长十分缓慢，行动变得迟缓，而且繁殖能力也下降了！看来，蚜虫从布赫纳氏菌身上搜刮了不少好处。

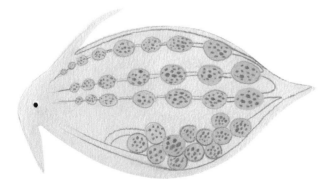

代代相传的奴隶

　　根据最近对布赫纳氏菌的基因组进行分析的结果来看，这些细菌体内含有合成基因，能够把蚜虫体内多余的非必需氨基酸，转化成多种蚜虫生长必需的氨基酸。去除了布赫纳氏菌以后，蚜虫体内的蛋白质含量下降了 20%！

　　这么看来，其实布赫纳氏菌才是蚜虫圈养在体内的奴隶，蚜虫给它们提供食物，让它们为蚜虫工作。甚至连布赫纳氏菌的繁殖都被蚜虫所控制——这些细菌的传播途径和其他所有细菌都不同，它们只能通过蚜虫的卵巢进行传播，从上一辈蚜虫传到下一辈蚜虫身上。

　　布赫纳氏菌和蚜虫，谁是"奴隶"谁是"主人"呢？两者的命运其实已经捆绑在一起了。说不定有一天，布赫纳氏菌会彻底和蚜虫融合在一起，像前面提到的被细胞吞噬的叶绿体和线粒体一样，变成蚜虫体内的一个器官。

生物饭店
奇奇怪怪的食客与意想不到的食谱
（大字注音版）

当成语遇到科学
（大字注音版）

病毒和人类
共生的世界

灭绝动物
不想和你说再见

细菌王国
看不见的神奇世界

恐龙、蓝菌和更古老的生命

我们身边的奇妙科学

星空和大地，
藏着那么多秘密

遇到危险怎么办
——我的安全笔记

当成语遇到科学

动物界的特种工

花花草草和大树，
我有问题想问你

生物饭店
奇奇怪怪的食客与意想不到的食谱